中华人民共和国

2007年版标准施工招标资格预审文件使用指南

本书编写组

中国计划出版社

图书在版编目（CIP）数据

中华人民共和国2007年版标准施工招标资格预审文件使用指南 / 《中华人民共和国2007年版标准施工招标资格预审文件使用指南》编写组编. —北京：中国计划出版社，2008.4

ISBN 978-7-80242-088-5

Ⅰ. 中… Ⅱ. 中… Ⅲ. 建筑工程–工程施工–招标–文件–中国–2007–指南 Ⅳ. TU723-62

中国版本图书馆CIP数据核字（2008）第030063号

中华人民共和国

2007年版标准施工招标资格预审文件使用指南

本书编写组

☆

中国计划出版社出版

（地址：北京市西城区木樨地北里甲11号国宏大厦C座4层）

（邮政编码：100038 电话：63906433 63906381）

新华书店北京发行所发行

三河富华印刷包装有限公司印刷

880×1230毫米 1/16 3.75印张 64千字

2008年4月第一版 2008年4月第一次印刷

印数1—30100册

☆

ISBN 978-7-80242-088-5

定价：15.00元

使 用 说 明

一、《标准施工招标资格预审文件》(以下简称《标准资格预审文件》)用相同序号标示的章、节、条、款、项、目，供招标人和投标人选择使用；《标准资格预审文件》以空格标示的由招标人填写的内容，招标人应根据招标项目具体特点和实际需要具体化，确实没有需要填写的，在空格中用“/”标示。

二、招标人按照《标准资格预审文件》第一章“资格预审公告”的格式发布资格预审公告后，将实际发布的资格预审公告编入出售的资格预审文件中，作为资格预审邀请。资格预审公告应同时注明发布所在的所有媒介名称。

三、《标准资格预审文件》第三章“资格审查办法”分别规定合格制和有限数量制两种资格审查方法，供招标人根据招标项目具体特点和实际需要选择适用。如无特殊情况，鼓励招标人采用合格制。

第三章“资格审查办法”前附表应按试行规定要求列明全部审查因素和审查标准，并在本章（前附表及正文）标明申请人不满足其要求即不能通过资格预审的全部条款。

四、《标准资格预审文件》为2007年版，将根据实际执行过程中出现的问题及时进行修改。各使用单位或个人对《标准资格预审文件》的修改意见和建议，可向编制工作小组反映。

联系电话：（010）68502510

《标准资格预审文件》基本内容

《标准资格预审文件》共包含封面格式和五章内容。《标准资格预审文件》相同序号标示的章、节、条、款、项、目，由招标人依据需要选择其一，形成一份完整的资格预审文件。各章内容简要介绍如下：

第一章资格预审公告，包括招标条件、项目概况与招标范围、申请人资格要求、资格预审方法、资格预审文件的获取、资格预审申请文件的递交、发布公告的媒介和联系方式等公告内容。

第二章申请人须知，包括申请人须知前附表和正文。申请人须知前附表由招标人根据招标项目具体特点和实际需要，用于进一步明确正文中的未尽事宜。正文包括九部分内容：（1）总则，包含项目概况、资金来源和落实情况、招标范围、计划工期和质量要求、申请人资格要求、语言文字以及费用承担等内容；（2）资格预审文件，包括资格预审文件的组成、资格预审文件的澄清与修改等内容；（3）资格预审申请文件的编制，包括资格预审申请文件的组成、资格预审申请文件的编制要求以及资格预审申请文件的装订、签字；（4）资格预审申请文件的递交，包括资格预审申请文件的密封和标识以及资格预审申请文件的递交两部分；（5）资格预审申请文件的审查，包括审查委员会和资格审查两部分内容；（6）通知和确认；（7）申请人的资格改变；（8）纪律与监督；（9）需要补充的其他内容。

第三章资格审查办法，分为合格制和有限数量制两种资格审查办法，供招标人根据项目具体特点和实际需要选择适用。每种办法都包括资格审查办法前附表和正文。资格审查办法前附表用于明确通过资格预审的人数（有限数量制）、审查因素和标准，由招标人根据招标项目具体特点和实际需要编制和填写。正文包括四部分：（1）审查方法；（2）审查标准，包括初步审查标准、详细审查标准，以及评分标准（有限数量制）；（3）审查程序，包括初步审查、详细审查、资格预审申请文件的澄清，以及评分（有限数量制）；（4）审查结果。

第四章资格预审申请文件格式，包括资格预审申请文件封面格式、资格预审申请函、法定代表人身份证明或授权委托书、联合体协议书、申请人基本情况表、近年财务状况表、近年完成的类似项目情况表、正在施工的和新承接的项目情况表、近年发生的诉讼及仲裁情况、其他材料等九个方面的格式或内容要求。

第五章项目建设概况，包括项目说明、建设条件、建设要求和其他需要说明的情况等四部分内容。

__________（项目名称）__________标段施工招标

资 格 预 审 文 件

招标人：______________（盖单位章）

_____年_____月_____日

（1）项目名称指项目审批、核准机关出具的有关文件中载明的或备案机关出具的备案文件中确认的项目名称，标段指本资格预审文件对应的合同段。如果仅有一个标段，则需要在标段空格中用“/”表明此项目没有划分标段，也可直接删除“__标段”。

（2）在“招标人”后的空格内填写依法提出招标项目、进行招标的法人或者其他组织的名称的全称。

（3）年月日由招标人在编制资格预审文件时填写。

（4）依据需要，招标人可以对封面内容进行补充，如增加项目编号、招标编号、招标人及招标代理机构的法定代表人或其委托代理人签字或盖章等内容。

目　　录

第一章　资格预审公告

__________（项目名称）__________标段施工招标

资格预审公告（代招标公告）

根据《〈标准施工招标资格预审文件〉和〈标准施工招标文件〉试行规定》（国家发展改革委等九部委 56 号令，以下简称 56 号令），招标人可根据项目具体特点和实际需要对本章内容进行修改、补充和细化，但应遵守《招标投标法》第 16 条和《招标公告发布暂行办法》（国家发展计划委员会 4 号令，以下简称 4 号令）等有关法律规章规定。

1. 招标条件

本招标项目___[1]___（项目名称）已由___[2]___（项目审批、核准或备案机关名称）以___[3]___（批文名称及编号）批准建设，项目业主为___[4]___，建设资金来自___[5]___（资金来源），项目出资比例为___[6]___，招标人为___[7]___。项目已具备招标条件，现进行公开招标，特邀请有兴趣的潜在投标人（以下简称申请人）提出资格预审申请。

[1] 须与资格预审文件封面上的项目名称保持一致。

[2] 指本项目审批、核准或备案机关名称，如国家发展和改革委员会或湖北省发展和改革委员会或天津市发展和改革委员会等。

[3] 指项目审批、核准或备案文件的名称及编号。

[4] “项目业主”指本项目审批、核准或备案文件中载明的项目单位。

[5] 指资金来源，如国债资金、银行贷款、自筹资金等，依据资金来源填写。

[6] 指项目的出资比例，如：国债资金 40%，银行贷款 50%，企业自筹 10%；如全部为国债资金，则直接填写：100%国债资金。

[7] 指负责本次招标的招标人名称，应与资格预审文件封面上的招标人名称一致。招标人是指依法提出招标项目、进行招标的法人或者其他组织。招标人既可以是项目业主，也可以是项目业主授权独立进行招标活动但由项目业主承担民事责任的法人或者其他组织。

2. 项目概况与招标范围

__________（说明本次招标项目的建设地点、规模、计划工期、招标范围、标段划分等）。

项目概况主要从宏观角度简要介绍项目的建设地点、规模、计划工期等内容；招标范围则需针对本次招标的项目内容、标段划分及各标段的内容进行概括性的描述，使潜在投标人能够初步判断其是否感兴趣、是否有实力完成该项目的实施。关于标段的划分，《工程建设项目施工招标投标办法》（国家计委等七部委 30 号令，以下简称 30 号令）第 27 条规定，对工程技术上紧密相联、不可分割的单位工程不得分割标段。招标人不得以不合理的标段或工期限制或者排斥潜在投标人或者投标人。《合同法》第 272 条规定，发包人不得将应当由一个承包人完成的建设工程肢解成若干部分发包给几个承包人。同时，招标人也不得把招标项目组成部分的标段划分得过小过细，否则达不到“物有所值”的目的。

因篇幅限制，此处内容应做到言简意赅、提纲挈领，具体内容在第二章和第五章有关部分中作进一步说明。

3. 申请人资格要求

3.1 本次资格预审要求申请人具备____[1]____资质，____[2]____业绩，并在人员、设备、资金等方面具备相应的施工能力。

3.2 本次资格预审____[3]____（接受或不接受）联合体资格预审申请。联合体申请资格预审的，应满足下列要求：____[4]____。

3.3 各申请人可就上述标段中的____[5]____（具体数量）个标段提出资格预审申请。

按照 30 号令第 20 条规定，招标人主要审查申请人是否具有独立订立合同的权利，是否具有相应的履约能力等，但不得以不合理的条件限制、排斥申请人，也不得对申请人实行歧视待遇。

[1] 由招标人根据项目具体特点和实际需要，明确提出申请人应具有的最低资质要求。本款提出的要求须与申请人须知第 1.4 款规定一致。企业施工资质的名称、级别应符合《建筑业企业资质管理规定》（建设部 159 号令）的规定，如：铁路工程施工总承包一级及以上资质，或水利水电工程施工总承包二级及以上资质，或建筑装修装饰工程专业承包二级及以上资质等。

[2] 由招标人根据项目具体特点和实际需要，明确提出申请人应具有的业绩要求。本款提出的业绩要求须与申请人须知第 1.4 款规定一致。

[3] 直接填写接受或不接受。如果填写的是“接受”，则在第二章“申请人须知”前附表中对应 1.4.2 一栏仅能选择接受。

[4] 明确各联合体申请人成员在资质、财务、业绩、信誉等方面应满足的最低要求。

[5] 填写具体数量，如：3个标段，也可以填写具体的标段号，如：一、二，或三、四、五标段。在本款中，招标人可以依据项目特点和市场情况，对申请标段的数量进行限制，避免在后续招标时出现因允许同时参加多个标段投标而造成每个投标人均能获得一个合同的结果。

4. 资格预审方法

本次资格预审采用＿＿＿＿＿（合格制/有限数量制）。

资格审查办法分为合格制和有限数量制两种。投标人数过多，申请人的投标成本加大，不符合节约的原则；而人数过少则又不能形成充分竞争。所以，由招标人结合项目特点和市场情况选择使用合格制或者有限数量制。如无特殊情况，鼓励招标人采用合格制。

5. 资格预审文件的获取

5.1 请申请人于＿[1]＿年＿[1]＿月＿[1]＿日至＿[1]＿年＿[1]＿月＿[1]＿日（法定公休日、法定节假日除外），每日上午＿[1]＿时至＿[1]＿时，下午＿[1]＿时至＿[1]＿时（北京时间，下同），在＿[2]＿（详细地址）持单位介绍信购买资格预审文件。

5.2 资格预审文件每套售价＿[3]＿元，售后不退。

5.3 邮购资格预审文件的，需另加手续费（含邮费）＿[4]＿元。招标人在收到单位介绍信和邮购款（含手续费）后＿[5]＿日内寄送。

[1] 填写具体的年月日和时间，应注意满足发售时间不少于5个工作日的要求。

[2] 填写具体的资格预审文件发售地点，包括街道、门牌号、楼层、房间号等，不能以招标人名称替代资格预审文件发售地点。本款规定持单位介绍信就可购买资格预审文件，以简化程序，为购买资格预审文件提供方便。采用电子招标投标的，可以直接从网上下载，无需持单位介绍信。

[3] 填写每套资格预审文件的售价，如：50元。根据30号令第15条第3款规定，资格预审文件的售价应当合理，不得以营利为目的。30号令第15条第4款规定，资格预审文件售出后，不予退还。

[4] 填写具体的手续费（含邮费），如20元。

[5] 填写具体日数，一般填写1或2日内即可。本款规定潜在投标人除前往文件发售地购买资格预审文件外，还可以采用邮购等方式购买。依据30号令第15条第2款规定，通过信息网络或其他媒介发布的资格预审文件，与书面资格预审文件具有同等法律效力，但出现不一致时以书面文件为准。

6. 资格预审申请文件的递交

6.1 递交资格预审申请文件截止时间(申请截止时间,下同)为____[1]____年____[1]____月____[1]____日____[1]____时____[1]____分，地点为____[2]____。

6.2 逾期送达或者未送达指定地点的资格预审申请文件，招标人不予受理。

[1] 填写具体的申请截止时间,招标人应当根据有关法律规定和项目具体特点合理确定。

[2] 填写具体的资格预审申请文件接收地点，包括街道、门牌号、楼层和房间号等。

7. 发布公告的媒介

本次资格预审公告同时在__________（发布公告的媒介名称）上发布。

根据4号令和《国家计委关于指定发布依法必须招标项目招标公告的媒介的通知》,《中国日报》、《中国经济导报》、《中国建设报》和《中国采购与招标网》(http://www.chinabidding.com.cn)为发布依法必须招标项目招标公告的媒介。各地方人民政府依照审批权限审批的依法必须招标的民用建筑项目的招标公告，可在省、自治区、直辖市人民政府发展改革部门指定的媒介发布。

8. 联系方式

招 标 人：____________________	招标代理机构：____________________
地　　址：____________________	地　　址：____________________
邮　　编：____________________	邮　　编：____________________
联 系 人：____________________	联 系 人：____________________
电　　话：____________________	电　　话：____________________
传　　真：____________________	传　　真：____________________
电子邮件：____________________	电子邮件：____________________
网　　址：____________________	网　　址：____________________
开户银行：____________________	开户银行：____________________
账　　号：____________________	账　　号：____________________

______年______月______日

第二章　申请人须知

申请人须知前附表

根据 56 号令，申请人须知前附表用于进一步明确正文中的未尽事宜，由招标人根据招标项目具体特点和实际需要编制和填写，但务必与资格预审文件中其他章节相衔接，并不得与本章正文内容相抵触，否则抵触内容无效。在例举前附表有关内容时，已经考虑了与本资格预审文件其他章节和本章正文的衔接。

条款号	条 款 名 称	编 列 内 容
1.1.2	招标人	名称： 地址： 联系人： 电话：
1.1.3	招标代理机构	名称： 地址： 联系人： 电话：
1.1.4	项目名称	
1.1.5	建设地点	
1.2.1	资金来源	
1.2.2	出资比例	
1.2.3	资金落实情况	
1.3.1	招标范围	
1.3.2	计划工期	计划工期：__________日历天 计划开工日期：________年______月______日 计划竣工日期：________年______月______日
1.3.3	质量要求	
1.4.1	申请人资质条件、能力和信誉	资质条件： 财务要求： 业绩要求： 信誉要求： 项目经理（建造师，下同）资格： 其他要求：

续表

条款号	条 款 名 称	编 列 内 容
1.4.2	是否接受联合体资格预审申请	□不接受 □接受，应满足下列要求：
2.2.1	申请人要求澄清 资格预审文件的截止时间	
2.2.2	招标人澄清 资格预审文件的截止时间	
2.2.3	申请人确认收到 资格预审文件澄清的时间	
2.3.1	招标人修改 资格预审文件的截止时间	
2.3.2	申请人确认收到 资格预审文件修改的时间	
3.1.1	申请人需补充的其他材料	
3.2.4	近年财务状况的年份要求	_____年
3.2.5	近年完成的类似项目的 年份要求	_____年
3.2.7	近年发生的诉讼及仲裁情况的 年份要求	_____年
3.3.1	签字或盖章要求	
3.3.2	资格预审申请文件副本份数	_____份
3.3.3	资格预审申请文件的装订要求	
4.1.2	封套上写明	招标人的地址： 招标人全称： _______（项目名称）_____标段施工招标资格预审申请文件在_____年_____月_____日_____时_____分前不得开启
4.2.1	申请截止时间	_____年_____月_____日_____时_____分
4.2.2	递交资格预审申请文件的地点	
4.2.3	是否退还资格预审申请文件	
5.1.2	审查委员会人数	
5.2	资格审查方法	
6.1	资格预审结果的通知时间	
6.3	资格预审结果的确认时间	
9	**需要补充的其他内容**	
……	……	
……	……	

1. 总则

1.1 项目概况

1.1.1 根据《中华人民共和国招标投标法》等有关法律、法规和规章的规定，本招标项目已具备招标条件，现进行公开招标，特邀请有兴趣承担本标段施工的申请人提出资格预审申请。

1.1.2 本招标项目招标人：见申请人须知前附表。

填写招标人的名称、地址、联系人和联系电话，与资格预审公告联系方式中写明的相一致。其中名称、地址应为招标人的注册地址，联系电话最好填写两个以上，包括手机号码，以保持联系畅通。

1.1.3 本标段招标代理机构：见申请人须知前附表。

标准资格预审文件是按照一个标段对应一份资格预审文件的原则编写的。由于招标项目的所有标段不一定是同一个招标代理机构代理，所以本项规定的内容为具体标段的招标代理机构。

招标代理机构的名称、地址、联系人和联系电话，应与资格预审公告联系方式中写明的相一致。其联系电话最好填写两个以上，包括手机号码，以保持联系畅通。

1.1.4 本招标项目名称：见申请人须知前附表。

项目名称指项目审批、核准机关出具的有关文件中载明的或备案机关出具的备案文件中确认的项目名称。

1.1.5 本标段建设地点：见申请人须知前附表。

填写项目的具体地理位置。

1.2 资金来源和落实情况

1.2.1 本招标项目的资金来源：见申请人须知前附表。

资金来源包括国债资金、银行贷款、自筹资金等，由招标人据实填写。

1.2.2 本招标项目的出资比例：见申请人须知前附表。

项目的出资比例，如：国债资金40%，银行贷款50%，企业自筹10%；如全部为国债资金，则直接填写：100%国债资金。

1.2.3 本招标项目的资金落实情况：见申请人须知前附表。

根据《招标投标法》第9条第2款规定，招标人应当有进行招标项目的相应资金或者资金来源已经落实，并应当在招标文件中如实载明。如：国债资金部分已经列入年度计划、银行贷款部分已签订贷款协议、企业自筹部分已经存入项目专用账户。

1.3 招标范围、计划工期和质量要求

1.3.1 本次招标范围：见申请人须知前附表。

招标范围应准确明了，采用工程专业术语填写。如某公路工程项目为：K0+000—K1+500中土石方、道路路基、雨污管网的工程施工；或者如某建筑工程项目：（1）***工程中的地基与基础、主体结构、建筑装饰装修、建筑屋面、给水、排水及采暖、通风与空调、建筑电气、智能建筑、电梯工程等设计图纸显示的全部工程。但需要指出的是，招标人应根据项目具体特点和实际需要合理划分标段，并据此确定招标范围，避免过细分割工程或肢解工程。

1.3.2　本标段的计划工期：见申请人须知前附表。

由招标人根据项目具体特点和实际需要填写。有适用工期定额的，应参照工期定额合理确定。《建设工程质量管理条例》第10条规定，建设工程发包单位不得任意压缩合理工期。申请人须知前附表中填写的计划工期、计划开工日期、计划竣工日期应该是一致的，如出现矛盾，一般以计划工期为准。根据《合同法》第275条规定，施工合同中约定有中间交工工期的，应当在本项对应的前附表中明确。

1.3.3　本标段的质量要求：见申请人须知前附表。

根据国家、行业颁布的建设工程施工质量验收标准填写。不能将各种质量奖项、奖杯等作为质量要求。

1.4　申请人资格要求

1.4.1　申请人应具备承担本标段施工的资质条件、能力和信誉。

（1）资质条件：见申请人须知前附表；

（2）财务要求：见申请人须知前附表；

（3）业绩要求：见申请人须知前附表；

（4）信誉要求：见申请人须知前附表；

（5）项目经理资格：见申请人须知前附表；

（6）其他要求：见申请人须知前附表。

招标人根据项目具体特点和实际需要，提出申请人在资质、财务、业绩、项目经理资格等方面的最低要求。本项没有列出对人员和设备的要求，是为了简化资格预审。需要注意的是，本项内容实际构成第三章资格审查办法中资格评审标准的内容。其中：

资质指建设部《建筑业企业资质管理规定》（建设部159号令）划定的资质类别及等级，包括总承包资质和专业承包资质。如某公路工程资格审查确定的资质条件为：公路工程施工总承包一级及以上资质。

财务要求指企业的注册资本金、净资产、资产负债率、平均货币资金余额和主营业务收入的比值、银行授信额度等一项或多项指标情况。

招标人根据项目具体特点和实际需要，明确提出申请人应具有的业绩要求，以证明申请人具有完成本标段工程施工能力。本款提出的业绩要求须与资格预审公告一致。

企业信誉是指企业在市场中所获得的社会上公认的信用和名誉，它反映出一个企业的履约信用。有关行政管理部门对企业信用考核有规定的，按照有关规定执行。一般来讲，考察企业的信誉，主要针对企业以往履约情况、不良记录等提出具体要求。

项目经理资格指建设行政主管部门颁发的建造师执业资格。在规定项目经理资格时，其专业和级别，应与建设行政主管部门的要求一致。如招标项目为 120000m^2 办公楼，可以填写：建筑工程专业一级建造师。

其他要求指招标人依据行业特点及本次招标项目的特点、需要，针对申请人企业提出的一些要求，例如，对企业提出质量、环境保护和职业健康、安全等管理体系认证方面的要求。

1.4.2　申请人须知前附表规定接受联合体申请资格预审的，联合体申请人除应符合本章第 1.4.1 项和申请人须知前附表的要求外，还应遵守以下规定：

（1）联合体各方必须按资格预审文件提供的格式签订联合体协议书，明确联合体牵头人和各方的权利义务；

（2）由同一专业的单位组成的联合体，按照资质等级较低的单位确定资质等级；

（3）通过资格预审的联合体，其各方组成结构或职责，以及财务能力、信誉情况等资格条件不得改变；

（4）联合体各方不得再以自己名义单独或加入其他联合体在同一标段中参加资格预审。

本项依据《招标投标法》第 31 条，以及 30 号令第 42 条、第 43 条、第 44 条，对联合体申请人的组成、各成员应满足的资格条件进行规定。接受联合体申请的，招标人可在本项对应的前附表中对联合体或联合体成员提出进一步要求，以便使潜在投标人可以判断其是否满足资格要求，进而决定是否参加本次资格预审。需要注意的是，根据《招标投标法》第 31 条关于“联合体各方均应具备承担招标项目的相应能力”的规定，考核资格条件应以联合体协议书中规定的分工为依据，不承担联合体协议有关专业工程的成员，其相应的专业资质不作为该联合体成员中同一专业单位的资质进行考核。如：在公路系统内，某工程需要公路工程总承包特级或者公路工程总承包一级、桥梁工程专业承包一级和隧道工程专业承包一级资质，某两个单位组成联合体，其中甲单位具有工程公路工程总承包一级、桥梁工程专业承包一级和隧道工程专业承包二级资质，乙单位具有桥梁工程专业承包二级和隧道工程专业承包一级资质。根据联合体协议书分工，甲单位承担除隧道以外的全部工程施工，乙单位只承担隧道工程施工。因此，在核定该联合体的资质时，对隧道部分，只考核乙单位的隧道资质，甲单位的隧道资质不参加考核；对其他工程，只考核甲单位的资质，乙单位的资质不参加考核。该联合体资质即为公路工程总承包一级、桥梁工程专业承包一级和隧道工程专业承包一级。

1.4.3　申请人不得存在下列情形之一：

（1）为招标人不具有独立法人资格的附属机构（单位）；

（2）为本标段前期准备提供设计或咨询服务的，但设计施工总承包的除外；

（3）为本标段的监理人；

（4）为本标段的代建人；

（5）为本标段提供招标代理服务的；

（6）与本标段的监理人或代建人或招标代理机构同为一个法定代表人的；

（7）与本标段的监理人或代建人或招标代理机构相互控股或参股的；

（8）与本标段的监理人或代建人或招标代理机构相互任职或工作的；

（9）被责令停业的；

（10）被暂停或取消投标资格的；

（11）财产被接管或冻结的；

（12）在最近三年内有骗取中标或严重违约或重大工程质量问题的。

本项主要根据30号令第20条、第22条、第35条，规定申请人不得存在的情形。针对工程建设项目货物招标，27号令第32条规定"法定代表人为同一个人的两个及两个以上法人、母公司、全资子公司及其控股公司，都不得在同一货物招标中同时投标"。如果招标人认为有必要将本条内容引入到本标段的资格预审，可以将相应内容，即"法定代表人为同一个人的两个及两个以上法人、母公司、全资子公司及其控股公司，都不得在本项目同一标段中同时申请资格预审"增加到本项对应的前附表中。本项第（9）~（12）规定的情形，应以有关行政管理部门或司法机关出具的有关文件为依据。

1.5 语言文字

除专用术语外，来往文件均使用中文。必要时专用术语应附有中文注释。

1.6 费用承担

申请人准备和参加资格预审发生的费用自理。

2. 资格预审文件

2.1 资格预审文件的组成

2.1.1 本次资格预审文件包括资格预审公告、申请人须知、资格审查办法、资格预审申请文件格式、项目建设概况，以及根据本章第2.2款对资格预审文件的澄清和第2.3款对资格预审文件的修改。

2.1.2 当资格预审文件、资格预审文件的澄清或修改等在同一内容的表述上不一致时，以最后发出的书面文件为准。

2.2 资格预审文件的澄清

2.2.1 申请人应仔细阅读和检查资格预审文件的全部内容。如有疑问，应在申请人须知前附表规定的时间前以书面形式（包括信函、电报、传真等可以有形表现所载内容的形式，下同），要求招标人对资格预审文件进行澄清。

2.2.2 招标人应在申请人须知前附表规定的时间前，以书面形式将澄清内容发给所有购买资格预审文件的申请人，但不指明澄清问题的来源。

2.2.3 申请人收到澄清后，应在申请人须知前附表规定的时间内以书面形式通知招标人，确认已收到该澄清。

招标人应按照本款规定，在前附表对应的位置明确具体时间要求。

2.3 资格预审文件的修改

2.3.1 在申请人须知前附表规定的时间前，招标人可以书面形式通知申请人修改资格预审文件。在申请人须知前附表规定的时间后修改资格预审文件的，招标人应相应顺延申请截止时间。

在资格预审文件发布后，确需对资格预审文件进行修改的，招标人应在本项对应的前附表规定的时间内修改。如果在前附表规定的时间后对资格预审文件进行修改的，则应相应顺延申请截止时间，以保证申请人有合理的时间编制申请文件。

2.3.2 申请人收到修改的内容后，应在申请人须知前附表规定的时间内以书面形式通知招标人，确认已收到该修改。

3. 资格预审申请文件的编制

3.1 资格预审申请文件的组成

3.1.1 资格预审申请文件应包括下列内容：

（1）资格预审申请函；

（2）法定代表人身份证明或附有法定代表人身份证明的授权委托书；

（3）联合体协议书；

（4）申请人基本情况表；

（5）近年财务状况表；

（6）近年完成的类似项目情况表；

（7）正在施工和新承接的项目情况表；

（8）近年发生的诉讼及仲裁情况；

（9）其他材料：见申请人须知前附表。

招标人除需要明确第 3.1.1（1）～（8）目内容外，对于第 3.1.1（9）目中规定的需要申请人提供其他材料，应在本项对应的前附表中载明，并在第四章第九项中作进一步具体要求。

3.1.2 申请人须知前附表规定不接受联合体资格预审申请的或申请人没有组成联合体的，资格预审申请文件不包括本章第 3.1.1（3）目所指的联合体协议书。

3.2　资格预审申请文件的编制要求

3.2.1　资格预审申请文件应按第四章“资格预审申请文件格式”进行编写，如有必要，可以增加附页，并作为资格预审申请文件的组成部分。申请人须知前附表规定接受联合体资格预审申请的，本章第 3.2.3 项至第 3.2.7 项规定的表格和资料应包括联合体各方相关情况。

3.2.2　法定代表人授权委托书必须由法定代表人签署。

3.2.3　“申请人基本情况表”应附申请人营业执照副本及其年检合格的证明材料、资质证书副本和安全生产许可证等材料的复印件。

3.2.4　“近年财务状况表”应附经会计师事务所或审计机构审计的财务会计报表，包括资产负债表、现金流量表、利润表和财务情况说明书的复印件，具体年份要求见申请人须知前附表。

直接在横线上填写需要提供的经审计的财务报表年份数。如：2004～2006 年。

3.2.5　“近年完成的类似项目情况表”应附中标通知书和（或）合同协议书、工程接收证书（工程竣工验收证书）的复印件，具体年份要求见申请人须知前附表。每张表格只填写一个项目，并标明序号。

类似项目，实践中也称同类工程，是指与招标项目在结构形式、使用功能、建设规模相同或相近的项目，如无类似项目，则指能证明申请人具备完成招标项目能力的项目。对类似项目的定义和具体要求，由招标人在本项对应的前附表中载明。具体年份要求直接在横线上填写，如：2004～2006 年。

3.2.6　“正在施工和新承接的项目情况表”应附中标通知书和（或）合同协议书复印件。每张表格只填写一个项目，并标明序号。

3.2.7　“近年发生的诉讼及仲裁情况”应说明相关情况，并附法院或仲裁机构作出的判决、裁决等有关法律文书复印件，具体年份要求见申请人须知前附表。

直接在横线上填写需要提供仲裁或诉讼材料的年份数。如：2004～2006 年。

3.3　资格预审申请文件的装订、签字

3.3.1　申请人应按本章第 3.1 款和第 3.2 款的要求，编制完整的资格预审申请文件，用不褪色的材料书写或打印，并由申请人的法定代表人或其委托代理人签字或盖单位章。资格预审申请文件中的任何改动之处应加盖单位章或由申请人的法定代表人或其委托代理人签字确认。签字或盖章的具体要求见申请人须知前附表。

对资格预审申请文件签字或盖章的具体要求通常包括：单位章的具体类型、能否用签字章代替手写签字等。签字或盖章用于证明申请文件对申请人具有法律约束力，招标人对签字或盖章的要求应简洁明了。

3.3.2　资格预审申请文件正本一份，副本份数见申请人须知前附表。正本和副本的封面上应清楚地标记“正本”或“副本”字样。当正本和副本不一致时，以正本为准。

3.3.3 资格预审申请文件正本与副本应分别装订成册，并编制目录，具体装订要求见申请人须知前附表。

招标人在前附表中可进一步规定具体装订要求，如：资格预审申请文件的正本与副本应采用粘贴方式装订，不得采用活页夹等可随时拆换的方式装订。

4. 资格预审申请文件的递交

4.1 资格预审申请文件的密封和标识

4.1.1 资格预审申请文件的正本与副本应分开包装，加贴封条，并在封套的封口处加盖申请人单位章。

4.1.2 在资格预审申请文件的封套上应清楚地标记“正本”或“副本”字样，封套还应写明的其他内容见申请人须知前附表。

4.1.3 未按本章第 4.1.1 项或第 4.1.2 项要求密封和加写标记的资格预审申请文件，招标人不予受理。

4.2 资格预审申请文件的递交

4.2.1 申请截止时间：见申请人须知前附表。

填写资格预审申请文件递交截止时间，如：**年**月**日**时**分。注意需要给资格预审申请人合理编制申请文件的时间。有关部门有规定的，按照其规定。

4.2.2 申请人递交资格预审申请文件的地点：见申请人须知前附表。

4.2.3 除申请人须知前附表另有规定的外，申请人所递交的资格预审申请文件不予退还。

资格预审申请文件一般不予退还，确需退还的，只退副本，并在本项对应的前附表中明确退还时间、方式和地点。

4.2.4 逾期送达或者未送达指定地点的资格预审申请文件，招标人不予受理。

5. 资格预审申请文件的审查

5.1 审查委员会

5.1.1 资格预审申请文件由招标人组建的审查委员会负责审查。审查委员会参照《中华人民共和国招标投标法》第三十七条规定组建。

关于资格预审审查委员会的组成、专家的资格及产生方式等，《招标投标法》没有规定。本项参照《招标投标法》第 37 条，规定了审查委员会的组成、专家资格及产生方式，主要要求包括：技术、经济专家不少于三分之二、招标人代表不能超过三分之一。专家应从事相关领域工作满八年并具有高级职称或同等专业水平，由招标人按相关规定确定。招标人代表应具有完成相应项目资格审查的业务素质和能力。与资格预审申请人有利害关系的人不得进入相关项目的资格审查委员会，已经进入的应当及时更换。

5.1.2 审查委员会人数：见申请人须知前附表。

资格审查委员会的人数为5人以上单数。

5.2 资格审查

审查委员会根据申请人须知前附表规定的方法和第三章“资格审查办法”中规定的审查标准，对所有已受理的资格预审申请文件进行审查。没有规定的方法和标准不得作为审查依据。

6. 通知和确认

6.1 通知

招标人在申请人须知前附表规定的时间内以书面形式将资格预审结果通知申请人，并向通过资格预审的申请人发出投标邀请书。

《标准资格预审文件》没有规定资格预审结果通知书格式，由招标人自行编制。投标邀请书格式见《标准施工招标文件》第一章。

6.2 解释

应申请人书面要求，招标人应对资格预审结果作出解释，但不保证申请人对解释内容满意。

本项规定招标人应对资格预审结果作出解释，是为了及时消除误解，避免矛盾激化。因此，招标人应认真负责地作出解释。为了兼顾效率，不应要求招标人的解释让申请人满意。

6.3 确认

通过资格预审的申请人收到投标邀请书后，应在申请人须知前附表规定的时间内以书面形式明确表示是否参加投标。在申请人须知前附表规定时间内未表示是否参加投标或明确表示不参加投标的，不得再参加投标。因此造成潜在投标人数量不足3个的，招标人重新组织资格预审或不再组织资格预审而直接招标。

申请人需要注意的是，根据本款规定，收到投标邀请书后，应在申请人须知前附表规定的时间内以书面形式确认是否参加投标，否则将丧失投标资格。

7. 申请人的资格改变

通过资格预审的申请人组织机构、财务能力、信誉情况等资格条件发生变化，使其不再实质上满足第三章“资格审查办法”规定标准的，其投标不被接受。

8. 纪律与监督

8.1 严禁贿赂

严禁申请人向招标人、审查委员会成员和与审查活动有关的其他工作人员行贿。在资格预审期间，不得邀请招标人、审查委员会成员以及与审查活动有关的其他工作人员到申请人单位参观考察，或出席申请人主办、赞助的任何活动。

8.2 不得干扰资格审查工作

申请人不得以任何方式干扰、影响资格预审的审查工作，否则将导致其不能通过资格预审。

8.3 保密

招标人、审查委员会成员，以及与审查活动有关的其他工作人员应对资格预审申请文件的审查、比较进行保密，不得在资格预审结果公布前透露资格预审结果，不得向他人透露可能影响公平竞争的有关情况。

8.4 投诉

申请人和其他利害关系人认为本次资格预审活动违反法律、法规和规章规定的，有权向有关行政监督部门投诉。

投诉应当遵守《工程建设项目招标投标活动投诉处理办法》（国家发展改革委等七部委11号令）规定。

9. 需要补充的其他内容

需要补充的其他内容：见申请人须知前附表。

本章正文没有列明，招标人又需要补充的其他内容，需要在申请人须知前附表中予以明确和细化，但不得与本章正文内容相抵触，否则抵触内容无效。

第三章　资格审查办法（合格制）

根据56号令，招标人编制的施工招标资格预审文件，应不加修改地引用本章正文内容。资格审查办法前附表由招标人根据招标项目具体特点和实际需要编制和填写，用于进一步明确正文中的未尽事宜，但务必与资格预审文件中其他章节相衔接，并不得与本章正文内容相抵触，否则抵触内容无效。在例举前附表有关内容时，已经考虑了与本资格预审文件其他章节和本章正文的衔接。

资格审查办法前附表

条款号		审查因素	审查标准
2.1	初步审查标准	申请人名称	与营业执照、资质证书、安全生产许可证一致
		申请函签字盖章	有法定代表人或其委托代理人签字或加盖单位章
		申请文件格式	符合第四章“资格预审申请文件格式”的要求
		联合体申请人	提交联合体协议书，并明确联合体牵头人（如有）
		……	……
2.2	详细审查标准	营业执照	具备有效的营业执照
		安全生产许可证	具备有效的安全生产许可证
		资质等级	符合第二章“申请人须知”第1.4.1项规定
		财务状况	符合第二章“申请人须知”第1.4.1项规定
		类似项目业绩	符合第二章“申请人须知”第1.4.1项规定
		信誉	符合第二章“申请人须知”第1.4.1项规定
		项目经理资格	符合第二章“申请人须知”第1.4.1项规定
		其他要求	符合第二章“申请人须知”第1.4.1项规定
		联合体申请人	符合第二章“申请人须知”第1.4.2项规定
		……	……

1. 审查方法

本次资格预审采用合格制。凡符合本章第 2.1 款和第 2.2 款规定审查标准的申请人均通过资格预审。

2. 审查标准

2.1 初步审查标准

初步审查标准：见资格审查办法前附表。

本款对应前附表中规定的审查因素和审查标准是列举性的，并没有包括所有审查因素和标准，招标人应根据项目具体特点和实际需要，进一步删减、补充或细化。初步审查的因素一般包括：（1）申请人的名称；（2）申请函的签字盖章；（3）申请文件的格式；（4）联合体申请人；（5）资格预审申请文件的证明资料；（6）其他审查因素等。审查标准应当具体明了，具有可操作性。

2.2 详细审查标准

详细审查标准：见资格审查办法前附表。

详细审查因素和标准须与第二章申请人须知对申请人资质、财务、业绩、信誉、项目经理的要求以及其他要求一致。需要特别注意的是，招标人在第二章前附表中补充和细化的要求，应在本章前附表体现出来。审查标准应当具体明了，具有可操作性。

3. 审查程序

3.1 初步审查

3.1.1 审查委员会依据本章第 2.1 款规定的标准，对资格预审申请文件进行初步审查。有一项因素不符合审查标准的，不能通过资格预审。

3.1.2 审查委员会可以要求申请人提交第二章“申请人须知”第 3.2.3 项至第 3.2.7 项规定的有关证明和证件的原件，以便核验。

需要申请人提交原件以备核验的，招标人应在本章前附表中明确需要核验的具体证明和证件。第 3.1.2 项规定资格审查委员会可以要求申请人提交申请文件有关证明和证件的原件。

3.2 详细审查

3.2.1 审查委员会依据本章第 2.2 款规定的标准，对通过初步审查的资格预审申请文件进行详细审查。有一项因素不符合审查标准的，不能通过资格预审。

3.2.2 通过资格预审的申请人除应满足本章第 2.1 款、第 2.2 款规定的审查标准外，还不得存在下列任何一种情形：

（1）不按审查委员会要求澄清或说明的；

（2）有第二章“申请人须知”第 1.4.3 项规定的任何一种情形的；

（3）在资格预审过程中弄虚作假、行贿或有其他违法违规行为的。

3.3 资格预审申请文件的澄清

在审查过程中，审查委员会可以书面形式，要求申请人对所提交的资格预审申请文件中不明确的内容进行必要的澄清或说明。申请人的澄清或说明应采用书面形式，并不得改变资格预审申请文件的实质性内容。申请人的澄清和说明内容属于资格预审申请文件的组成部分。招标人和审查委员会不接受申请人主动提出的澄清或说明。

4. 审查结果

4.1 提交审查报告

审查委员会按照本章第 3 条规定的程序对资格预审申请文件完成审查后，确定通过资格预审的申请人名单，并向招标人提交书面审查报告。

资格审查委员会提交的书面审查报告，主要包括以下基本内容：（1）基本情况和数据表；（2）资格审查委员会名单；（3）澄清、说明、补正事项纪要等；（4）审查过程、未通过资格审查的情况说明、通过评审的申请人名单；（5）其他需要说明的问题。

4.2 重新进行资格预审或招标

通过资格预审申请人的数量不足 3 个的，招标人重新组织资格预审或不再组织资格预审而直接招标。

第三章　资格审查办法（有限数量制）

根据56号令，招标人编制的施工招标资格预审文件，应不加修改地引用本章正文内容。资格审查办法前附表由招标人根据招标项目具体特点和实际需要编制和填写，用于进一步明确正文中的未尽事宜，但务必与资格预审文件中其他章节相衔接，并不得与本章正文内容相抵触，否则抵触内容无效。在例举前附表有关内容时，已经考虑了与本资格预审文件其他章节和本章正文的衔接。

资格审查办法前附表

条款号		条款名称	编列内容
1		通过资格预审的人数	
2		审查因素	审查标准
2.1	初步审查标准	申请人名称	与营业执照、资质证书、安全生产许可证一致
		申请函签字盖章	有法定代表人或其委托代理人签字或加盖单位章
		申请文件格式	符合第四章“资格预审申请文件格式”的要求
		联合体申请人	提交联合体协议书，并明确联合体牵头人(如有)
		……	……
2.2	详细审查标准	营业执照	具备有效的营业执照
		安全生产许可证	具备有效的安全生产许可证
		资质等级	符合第二章“申请人须知”第1.4.1项规定
		财务状况	符合第二章“申请人须知”第1.4.1项规定
		类似项目业绩	符合第二章“申请人须知”第1.4.1项规定
		信誉	符合第二章“申请人须知”第1.4.1项规定
		项目经理资格	符合第二章“申请人须知”第1.4.1项规定
		其他要求	符合第二章“申请人须知”第1.4.1项规定
		联合体申请人	符合第二章“申请人须知”第1.4.2项规定
		……	……
2.3	评分标准	评分因素	评分标准
		财务状况	……
		类似项目业绩	……
		信誉	……
		认证体系	……
		……	……

1. 审查方法

本次资格预审采用有限数量制。审查委员会依据本章规定的审查标准和程序，对通过初步审查和详细审查的资格预审申请文件进行量化打分，按得分由高到低的顺序确定通过资格预审的申请人。通过资格预审的申请人不超过资格审查办法前附表规定的数量。

2. 审查标准

2.1 初步审查标准

初步审查标准：见资格审查办法前附表。

本款对应前附表中规定的审查因素和审查标准是列举性的，并没有包括所有审查因素和标准，招标人应根据项目具体特点和实际需要，进一步删减、补充或细化。初步审查的因素一般包括：（1）申请人的名称；（2）申请函的签字盖章；（3）申请文件的格式；（4）联合体申请人；（5）资格预审申请文件的证明资料；（6）其他审查因素等。审查标准应当具体明了，具有可操作性。

2.2 详细审查标准

详细审查标准：见资格审查办法前附表。

详细审查因素和标准须与第二章申请人须知对申请人资质、财务、业绩、信誉、项目经理的要求以及其他要求一致。需要特别注意的是，招标人在第二章前附表中补充和细化的要求，应在本章前附表体现出来。审查标准应当具体明了，具有可操作性。

2.3 评分标准

评分标准：见资格审查办法前附表。

本款对应前附表中规定的评分因素是列举性的，并没有包括所有评分因素，招标人应根据项目具体特点和实际需要，进一步删减、补充或细化。评分因素一般包括：（1）财务状况；（2）申请人的类似项目业绩；（3）信誉；（4）认证体系；（5）项目经理的业绩；（6）其他评分因素。评分标准应当具体明了，具有可操作性。

3. 审查程序

3.1 初步审查

3.1.1 审查委员会依据本章第 2.1 款规定的标准，对资格预审申请文件进行初步审查。有一项因素不符合审查标准的，不能通过资格预审。

3.1.2 审查委员会可以要求申请人提交第二章“申请人须知”第 3.2.3 项至第 3.2.7 项规定的有关证明和证件的原件，以便核验。

需要申请人提交原件以备核验的，招标人应在本章前附表中明确需要核验的具体证明和证件。第 3.1.2 项规定资格审查委员会可以要求申请人提交申请文件有关证明和证件的原件。

3.2 详细审查

3.2.1 审查委员会依据本章第 2.2 款规定的标准，对通过初步审查的资格预审申请文件进行详细审查。有一项因素不符合审查标准的，不能通过资格预审。

3.2.2 通过详细审查的申请人，除应满足本章第 2.1 款、第 2.2 款规定的审查标准外，还不得存在下列任何一种情形：

（1）不按审查委员会要求澄清或说明的；

（2）有第二章“申请人须知”第 1.4.3 项规定的任何一种情形的；

（3）在资格预审过程中弄虚作假、行贿或有其他违法违规行为的。

3.3 资格预审申请文件的澄清

在审查过程中，审查委员会可以书面形式，要求申请人对所提交的资格预审申请文件中不明确的内容进行必要的澄清或说明。申请人的澄清或说明采用书面形式，并不得改变资格预审申请文件的实质性内容。申请人的澄清和说明内容属于资格预审申请文件的组成部分。招标人和审查委员会不接受申请人主动提出的澄清或说明。

3.4 评分

3.4.1 通过详细审查的申请人不少于 3 个且没有超过本章第 1 条规定数量的，均通过资格预审，不再进行评分。

3.4.2 通过详细审查的申请人数量超过本章第 1 条规定数量的，审查委员会依据本章第 2.3 款评分标准进行评分，按得分由高到低的顺序进行排序。

4. 审查结果

4.1 提交审查报告

审查委员会按照本章第 3 条规定的程序对资格预审申请文件完成审查后，确定通过资格预审的申请人名单，并向招标人提交书面审查报告。

资格审查委员会提交的书面审查报告，主要包括以下基本内容：（1）基本情况和数据表；（2）资格审查委员会名单；（3）澄清、说明、补正事项纪要等；（4）审查过程、未通过资格审查的情况说明、通过评审的申请人名单；（5）评分比较一览表和排序；（6）其他需要说明的问题。

4.2 重新进行资格预审或招标

通过详细审查申请人的数量不足 3 个的，招标人重新组织资格预审或不再组织资格预审而直接招标。

第四章　资格预审申请文件格式

本章允许招标人依据行业情况及项目特点进行补充或删改，具体格式和内容要求应与第二章“申请人须知”前附表及正文对应起来。补充的其他材料统一放到第九部分。

__________（项目名称）__________标段施工招标

资格预审申请文件

申请人：______________（盖单位章）

法定代表人或其委托代理人：______________（签字）

______年______月______日

目　　录

一、资格预审申请函

________________________（招标人名称）：

1．按照资格预审文件的要求，我方（申请人）递交的资格预审申请文件及有关资料，用于你方（招标人）审查我方参加____________（项目名称）____________标段施工招标的投标资格。

2．我方的资格预审申请文件包含第二章“申请人须知”第 3.1.1 项规定的全部内容。

3．我方接受你方的授权代表进行调查，以审核我方提交的文件和资料，并通过我方的客户，澄清资格预审申请文件中有关财务和技术方面的情况。

4．你方授权代表可通过____________（联系人及联系方式）得到进一步的资料。

5．我方在此声明，所递交的资格预审申请文件及有关资料内容完整、真实和准确，且不存在第二章“申请人须知”第 1.4.3 项规定的任何一种情形。

申　请　人：________________________（盖单位章）

法定代表人或其委托代理人：______________（签字）

电　　　话：____________________________________

传　　　真：____________________________________

申请人地址：____________________________________

邮 政 编 码：____________________________________

________年________月________日

二、法定代表人身份证明

申请人名称：________________________

单位性质：__________________________

成立时间：_______年_______月______日

经营期限：___________

姓名：________性别：_________年龄：________职务：________

系__________________（申请人名称）的法定代表人。

特此证明。

申请人：__________（盖单位章）

_______年_______月_______日

二、授权委托书

本人________（姓名）系________（申请人名称）的法定代表人，现委托________（姓名）为我方代理人。代理人根据授权，以我方名义签署、澄清、递交、撤回、修改________（项目名称）________标段施工招标资格预审申请文件，其法律后果由我方承担。

委托期限：________。

代理人无转委托权。

附：法定代表人身份证明

申　请　人：______________________（盖单位章）

法定代表人：__________________________（签字）

身份证号码：________________________________

委托代理人：__________________________（签字）

身份证号码：________________________________

_____年_____月_____日

三、联合体协议书

______（所有成员单位名称）自愿组成______（联合体名称）联合体，共同参加______（项目名称）______标段施工招标资格预审和投标。现就联合体投标事宜订立如下协议。

1. ______（某成员单位名称）为______（联合体名称）牵头人。

2. 联合体牵头人合法代表联合体各成员负责本标段施工招标项目资格预审申请文件、投标文件编制和合同谈判活动，代表联合体提交和接收相关的资料、信息及指示，处理与之有关的一切事务，并负责合同实施阶段的主办、组织和协调工作。

3. 联合体将严格按照资格预审文件和招标文件的各项要求，递交资格预审申请文件和投标文件，履行合同，并对外承担连带责任。

4. 联合体各成员单位内部的职责分工如下：________________。

5. 本协议书自签署之日起生效，合同履行完毕后自动失效。

6. 本协议书一式___份，联合体成员和招标人各执一份。

注：本协议书由委托代理人签字的，应附法定代表人签字的授权委托书。

牵头人名称：______________________（盖单位章）

法定代表人或其委托代理人：____________（签字）

成员一名称：______________________（盖单位章）

法定代表人或其委托代理人：____________（签字）

成员二名称：______________________（盖单位章）

法定代表人或其委托代理人：____________（签字）

……

_____年_____月_____日

四、申请人基本情况表

<table>
<tr><td>申请人名称</td><td colspan="6"></td></tr>
<tr><td>注册地址</td><td colspan="4"></td><td>邮政编码</td><td></td></tr>
<tr><td rowspan="2">联系方式</td><td>联系人</td><td colspan="3"></td><td>电话</td><td></td></tr>
<tr><td>传真</td><td colspan="3"></td><td>网址</td><td></td></tr>
<tr><td>组织结构</td><td colspan="6"></td></tr>
<tr><td>法定代表人</td><td>姓名</td><td></td><td>技术职称</td><td></td><td>电话</td><td></td></tr>
<tr><td>技术负责人</td><td>姓名</td><td></td><td>技术职称</td><td></td><td>电话</td><td></td></tr>
<tr><td>成立时间</td><td colspan="2"></td><td colspan="4">员工总人数：</td></tr>
<tr><td>企业资质等级</td><td colspan="2"></td><td rowspan="5">其中</td><td>项目经理</td><td colspan="2"></td></tr>
<tr><td>营业执照号</td><td colspan="2"></td><td>高级职称人员</td><td colspan="2"></td></tr>
<tr><td>注册资金</td><td colspan="2"></td><td>中级职称人员</td><td colspan="2"></td></tr>
<tr><td>开户银行</td><td colspan="2"></td><td>初级职称人员</td><td colspan="2"></td></tr>
<tr><td>账号</td><td colspan="2"></td><td>技工</td><td colspan="2"></td></tr>
<tr><td>经营范围</td><td colspan="6"></td></tr>
<tr><td>备注</td><td colspan="6"></td></tr>
</table>

附：项目经理简历表

项目经理应附项目经理证、身份证、职称证、学历证、养老保险复印件，管理过的项目业绩须附合同协议书复印件。

上述要求还应结合有关规定执行。例如，武警部队现役施工人员没有养老保险，可以采用警官证、士兵证等其他有效证件的复印件。

姓名		年龄		学历	
职称		职务		拟在本合同任职	
毕业学校	年毕业于　　　　学校　　　　专业				
主要工作经历					

时间	参加过的类似项目	担任职务	发包人及联系电话

五、近年财务状况表

六、近年完成的类似项目情况表

项目名称	
项目所在地	
发包人名称	
发包人地址	
发包人电话	
合同价格	
开工日期	
竣工日期	
承担的工作	
工程质量	
项目经理	
技术负责人	
总监理工程师及电话	
项目描述	
备注	

七、正在施工的和新承接的项目情况表

项目名称	
项目所在地	
发包人名称	
发包人地址	
发包人电话	
签约合同价	
开工日期	
计划竣工日期	
承担的工作	
工程质量	
项目经理	
技术负责人	
总监理工程师及电话	
项目描述	
备注	

八、近年发生的诉讼及仲裁情况

九、其他材料

第五章　项目建设概况

一、项目说明

二、建设条件

三、建设要求

四、其他需要说明的情况

项目建设概况介绍内容的深度和广度由招标人自行掌握，以能满足潜在投标人参加资格预审申请和审查委员会进行资格审查的要求为基准。

本书编写组名单

《使用指南》编写领导小组组长：

杜　鹰

《使用指南》编写领导小组成员：

任　珑　孔令龙　王晓涛　李敬辉　王　宁　刘宇昕　张　梅

苏全利　李彦武　李　华　张春林　钱庭硕　周学文　刘伟平

孙继昌　刁永海　邹　伟

《使用指南》编写工作小组成员（以姓氏笔画为序）：

王　刚　王松波　王晓州　田家珍　孙杰民　江　华　张作智

张治峰　李永恒　李传光　李茂年　杨小华　沈美丽　肖渭明

苏　琳　周法兴　罗国三　胡　滨　赵东晓　骆　涛　高　天

韩志峰

《使用指南》编写专家（以姓氏笔画为序）：

毛林繁　冯志祥　石国虎　刘成贵　朱建元　何建新　李开运

杨丽坤　邱　闯　陈纪伦　唐广庆　唐　军　唐　涛　袁炳玉

程向东